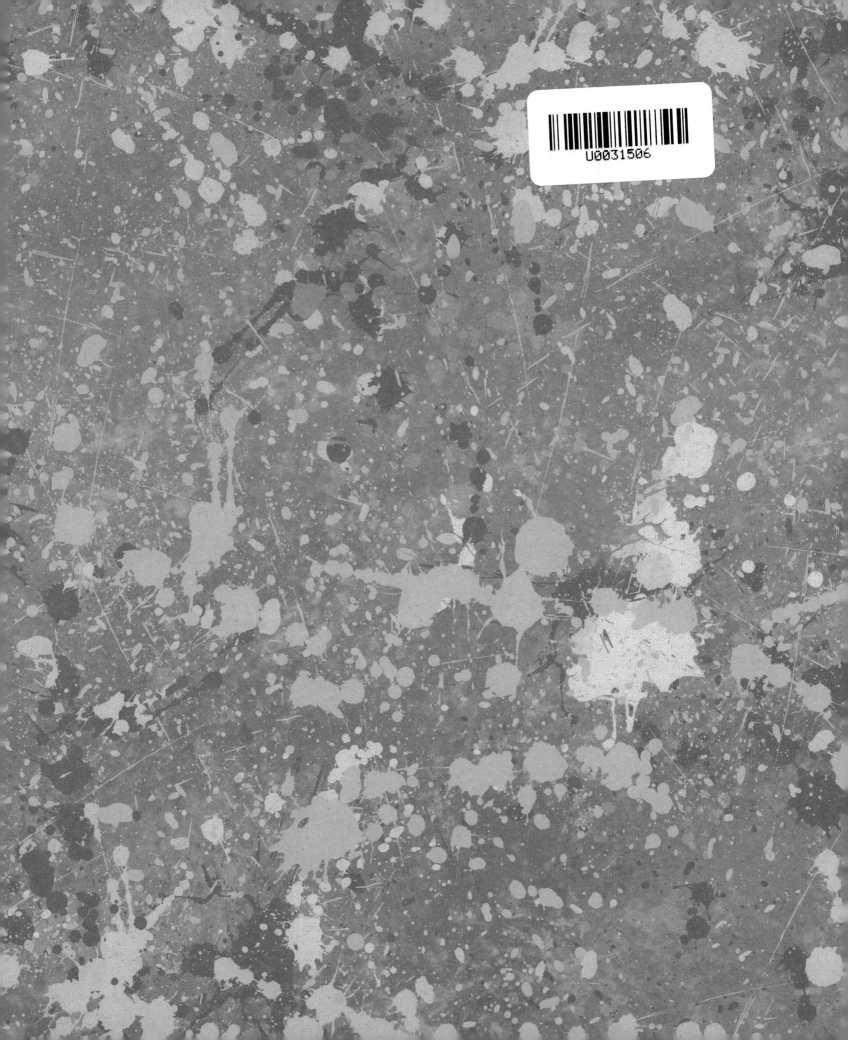

獻給為地球的未來貢獻一己之力的所有人，
以及努力不懈在解決氣候變遷問題的每一個人。

文字
凱瑟琳‧巴爾
Catherine Barr

在英國里茲大學專攻生態學，而後成為記者。她在國際綠色和平組織工作了七年，從事野生動物與林業保育的宣導，長期關心環境議題。目前為通訊公司合夥人，和她的伴侶及兩個女兒住在英國赫里福德郡靠近海伊村的山上。著有《發明之書：科技改變世界的故事》、《演化之書：生命起源的故事》、《我從哪裡來？從人猿到人類的演化和冒險》等作品（以上皆為小熊出版）。

文字
史蒂夫‧威廉斯
Steve Williams

具有海洋生物學及應用動物學位的生物學家，畢業於英國威爾斯大學。他對野生動物的熱愛，於受訓成為教師後更延伸至海洋，目前在威爾斯鄉下的綜合中學教授科學，和他的妻子及兩個女兒住在海伊村附近。著有《發明之書：科技改變世界的故事》、《演化之書：生命起源的故事》、《我從哪裡來？從人猿到人類的演化和冒險》等作品（以上皆為小熊出版）。

繪圖
艾米‧赫斯本
Amy Husband

在英國利物浦大學藝術學院學習平面藝術。她的第一本繪本《親愛的老師》（Dear Miss）榮獲2010年劍橋兒童圖畫書獎。艾米和她的伴侶住在約克，在一個能夠眺望英國約克大教堂的工作室裡工作。

繪圖
麥克‧洛夫
Mike Love

英國亞伯立斯威大學美術學碩士。擅長兒童讀物、小說和教育書籍的插畫，特別喜歡充滿想像力的題材與故事。

翻譯　鄭煥昇

聽不同的作者講不同的話，並將這些話轉述給不同的人聽，這就是譯者的角色——橋梁。師範大學翻譯所畢業，盼望在童書的這片天地裡，帶給孩子不一樣的視野，享受閱讀的喜悅。在小熊出版譯有《重力樹：一棵蘋果樹啟發全世界的故事》等作品。

審訂　孫烜駿

現任臺灣大學氣候變遷與永續發展國際學位學程助理教授。英國劍橋大學動物學博士，專長為行為生態學、氣候變遷生態學、昆蟲學。教育部玉山青年學者計畫、國科會2030跨世代年輕學者方案（新秀學者）得主。

閱讀與探索
氣候變遷：拯救地球的故事

文字：凱瑟琳‧巴爾、史蒂夫‧威廉斯｜繪圖：艾米‧赫斯本、麥克‧洛夫｜翻譯：鄭煥昇｜審訂：孫烜駿

總編輯：鄭如瑤｜主編：陳玉娥｜責任編輯：韓良慧｜美術編輯：莊芯媚｜行銷副理：塗幸儀｜行銷助理：龔乙桐
出版與發行：小熊出版‧遠足文化事業股份有限公司｜地址：231新北市新店區民權路108-3號6樓
電話：02-22181417｜傳真：02-86672166｜劃撥帳號：19504465｜戶名：遠足文化事業股份有限公司
Facebook：小熊出版｜E-mail：littlebear@bookrep.com.tw

讀書共和國出版集團
社長：郭重興｜發行人：曾大福｜業務平臺總經理：李雪麗｜業務平臺副總經理：李復民
實體通路暨直營網路書店組：林詩富、陳志峰、郭文弘、賴佩瑜、王文賓、周宥騰
海外暨博客來組：張鑫峰、林裴瑤、范光杰｜特販組：陳綺瑩、郭文龍｜印務部：江域平、黃禮賢、李孟儒
讀書共和國出版集團網路書店：http://www.bookrep.com.tw｜客服專線：0800-221029
客服信箱：service@bookrep.com.tw｜團體訂購請洽業務部：02-22181417分機1124
法律顧問：華洋法律事務所／蘇文生律師｜印製：凱林彩印股份有限公司
初版一刷：2023年2月｜定價：360元｜ISBN：978-626-7224-39-7｜書號：0BNP1055

國家圖書館出版品預行編目（CIP）資料

氣候變遷：拯救地球的故事／凱瑟琳‧巴爾（Catherine Barr）、史蒂夫‧威廉斯（Steve Williams）文字；艾米‧赫斯本（Amy Husband），麥克‧洛夫（Mike Love）繪圖；鄭煥昇翻譯. -- 初版. -- 新北市：小熊出版：遠足文化事業股份有限公司發行，2023.02
40面；24.5×28.1公分. --（閱讀與探索）
譯自：The story of climate change : a first book about how we can help save our planet
ISBN 978-626-7224-39-7（精裝）
1.CST：環境教育　　2.CST：氣候變遷
3.CST：環境保護　　4.CST：通俗作品
445.99　　　　　　　　　　　　112000694

小熊出版官方網頁

小熊出版讀者回函

氣候變遷
拯救地球的故事

The Story of Climate Change :
A first book about how we can help save our planet

文字　**凱瑟琳・巴爾、史蒂夫・威廉斯**
繪圖　**艾米・赫斯本、麥克・洛夫**
翻譯　**鄭煥昇**
審訂　**孫烜駿**（臺灣大學氣候永續學程助理教授）

數十億年前，地球無比炙熱。 一條條蜿蜒的紅色岩漿，伴隨著滾落的黑色岩石，在燃燒的地球表面緩緩流淌。火山爆發使團團的塵埃噴上天際，混合了各種有毒的氣體，將地球包覆，形成了最原始的大氣層。

臭臭的氣體

四十五億年前至二十三億年前

隨著時間過去，地球慢慢降溫，雲朵開始形成，熔岩逐漸冷卻。來自外太空的彗星挾帶冰塊撞上地球，在地球上融化成水。地球開始降雨，原本一片赤紅與黯黑的地球，漸漸隨著海洋水位的上升，變成一顆藍色的星球。

最初的生命起源於海洋。有一天，小小的藍綠菌開始靠著陽光生長，過程中釋出了氧氣，地球的大氣層開始改變。

又經過了一段時間，隨著植物生長，空氣中的氧含量開始增加。
這種新生的氣體——氧氣，就像一面盾牌，為地球擋住熾烈的陽光，讓動物在陸地與水中得以存活。生命持續演化，巨型的蜻蜓棲息在蕨類上，兩棲動物涉足水裡，偌大的蠍子與各種昆蟲穿梭在溼滑的森林間。

二十三億年前至三億年前

新芽朝著日照生長，腐爛的植物則在沼澤裡下沉。經過千百萬年的時間，這種生命週期讓死去的植物轉變為煤炭。

在一片片海洋中，細菌、海藻與浮游生物死後會漂落至海床，在沙土與泥巴之中，經過漫長的時間化為石油與天然氣。它們和煤炭一樣，都是屬於「化石燃料」。

數十億年間，地球的氣候在冷熱交替中不斷變化，歷經反覆的烘烤與冰凍，這顆行星形成了更多的化石燃料。

在這期間，各種氣體包圍地球，像條毯子似的維持著地球的熱度。從微小的細菌到高大的樹林，從驚天動地的恐龍到盛開的花朵——生命在溫室般的地球上生生不息。

三億年前至六千五百萬年前

但此時災難來襲！一顆巨大的小行星撞上地球，幾乎摧毀所有的生命。漫天的塵埃遮蔽了陽光，讓地球陷入一片黑暗與寒冷，在食物匱乏之下，恐龍就此滅絕……但仍有些生命殘存下來。

隨著時間推移，炙熱的陽光穿透塵埃，小行星撞擊地球產生的霧霾漸漸散去。

哺乳類動物接管陸地，生命又再次大爆發。數百萬年中，人類一邊演化，一邊在全世界探險。我們學習各種技能，吸收知識，與大自然和諧共處。

六千五百萬年前至西元1850年代

當人類發現燃燒化石燃料可以產生能源，便開始焚燒石油、天然氣和煤炭。新能源改變了眾人的生活，我們開始搭乘火車，開始在繁忙的工廠上班，開始在溫暖明亮的家中生活。

咳！

咳！

那些汙染是個問題。

但燃燒化石燃料會產生一種稱為二氧化碳的氣體，這種氣體的濃度在大氣層中逐漸累積。人類在地球上的時間不長，卻已經開始改變空氣。

接著，世界不斷發展，人口數量急遽攀升。人類對土地的需求越來越大。因此，樹木遭到砍伐，森林逐漸消失，都是為了建造人類的家；開墾空地種植作物、畜牧牛羊，也都是為了養活更多的人口。

西元1850年代至現代

但是，家畜會增加大氣裡的另一種溫室氣體——甲烷。甲烷主要來自動物的打嗝與放屁，就像二氧化碳一樣，甲烷也會把熱度困在地球，讓溫室效應惡化。

這種有害的氣體，也會從腐爛的城市廢棄物與融化的極地沼澤中釋出。隨著各地溫度上升，原本冰凍的沼澤融化，大小如葡萄柚般的遠古甲烷氣泡從升溫的地表逐漸被解凍。

為了了解氣候變遷的前因後果，科學家也會研究被深埋在冰川和極地冰層裡的遠古氣泡。

在夏威夷火山山頂的蔚藍天空下，一名科學家正在測量空氣中的二氧化碳濃度。
他繪製的圖表顯示二氧化碳濃度正在上升，這代表困在地球上的熱氣越來越多。

西元1958年至今

現在，全世界都在看著科學家們記錄這條日益上升的曲線。基林圖表顯示出有史以來最快速的氣候變遷。

氣候變遷對地球來說代表著什麼？

氣溫上升時，海洋會吸收熱量，造成海水暖化，破壞海洋中的生態平衡。珊瑚礁等海洋生物的棲地在變暖的海水中不斷消失，放眼全球，許多動植物正在失去牠們的家。

冰川融化，陸冰加速滑入海中，造成海平面上升，世界各地沿海的潮汐水位也越來越高，連帶威脅到海龜等會在沙灘上築巢產卵的動物。海平面上升會淹沒陸地，讓生活在低地小島的動物與人類陷入危機。

我的冰塊越來越小了。

企鵝好好吃。

隨著極冰融化，北極熊和企鵝的繁殖與覓食更加困難，因為牠們賴以為生的冰層正在消失。磷蝦是鯨類等海洋生物的重要食物，但這些磷蝦和浮游生物必須生活在冰架下方，而冰架正不斷消失。

大氣的改變影響了洋流，洋流的改變影響了氣候。因此，雨季、旱季與風勢都越來越極端。

氣候變遷對地球造成了深遠的影響。颶風加劇、乾旱擴大、降雨模式異常……都正在改變地球上的各種生命。

在炎熱的國家，土地沙漠化越發嚴重，樹木乾枯易燃，空氣中瀰漫著森林大火產生的煙霧。海洋暖化，海岸線被淹沒，陸地被風暴肆虐。

現今

面對氣候急速變遷，世界各地的動植物只能逃命或是設法適應。遷徙的象群和其他動物們棲息在乾涸的河畔與水池邊，森林裡的猿猴被迫從起火的樹上離開；另外，在北極海，北極熊疲憊的在融化中的浮冰之間游動⋯⋯這樣的氣候，只有適者才能生存。

氣候變遷正在摧毀棲息地，威脅越來越多的動植物。許多物種因此瀕臨滅絕。

在氣候變遷之下，人類也被迫遷徙。一個個家庭與社區正在逃離乾旱、上升的海平面、傳染病以及消失的家園。面對這一切，他們只能無奈放棄原本的居住地，設法在異地安身立命。

農夫們為了因應頻繁的水患與乾旱，必須尋找能在氣候變化中種植的新土地或新種籽。

上升的海平面步步逼近沿海地區，海水淹沒了陸地上的住家。氣溫升高的範圍擴大，這也讓蚊子把瘧疾等疾病傳播到更遠的地區。因此，在擁擠的城市裡公共衛生風險上升。

這代表千百萬人必須用步行、騎乘、飛行或搭船的方式，離開他們的家鄉，重新尋找不用擔心安危與食物的棲身之所。

富裕的國家燃燒化石燃料產生能源，
生產出像是汽車等大家想要的產品。
想要這些產品的人越多，森林就消失得越
快；進城打工的人口越多，廢棄物就堆積
得越快。

以前的我們
知道何時會
下雨……

貧窮國家的人民是氣候變遷下最大的受害者，當
男性湧進城裡工作，女性和孩童就得負責農務，
一旦作物歉收，他們只能挨餓。乾旱迫使婦女得
走更遠去尋找水源，也讓她們能夠上學的時間變
少或失學。

現今

如果居住在貧窮國家的女孩可以順利就學，她們或許就能晚婚，生下的孩子也會減少，這樣的家庭也更健全。女性接受教育後，會把農場經營得更完善，更能因應氣候變遷的挑戰。女力可以改變世界！

從偏遠的冰川、黑暗的森林、高聳的山頂、繁忙的城市到深邃的海洋，科學家們正忙著測量地球上各個地方的改變。他們發現大自然有助於減緩氣候變遷的發生，特別是海洋與森林的效果最為顯著。

現今

在日照所及的海域，不計其數的小型漂浮植物會吸收二氧化碳，利用這種氣體成長；在陸地上，溫室氣體則會被樹木吸收，這些樹木甚至可以將碳儲存幾百年之久。但當海洋變暖，海水吸收溫室氣體的能力變得不如以往；當森林被砍伐或焚燒，碳也跟著飄回空氣中，就會大大降低海洋和森林減緩氣候變遷傷害的能力。

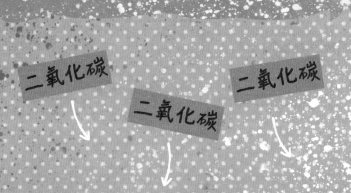

如果我們能夠好好的守護海洋與森林，就能阻止溫室氣體的累積，減緩全球的氣候變遷。

亞馬遜是世界上最大的雨林，它對於減緩氣候變遷有很大的助力。但就算是這麼大的雨林，也在消失當中。亞馬遜雨林中有廣大的土地被居民濫墾，這些土地被開墾，是為了當地的牛隻與作物，而這些作物，又是為了供應給飼養在遠方國家的家畜。

現今

因此，如果我們少吃肉，就能保護許多地方的熱帶森林。我們可以多吃豆類、蔬菜或嘗試不含肉的替代品。從植物肉的漢堡到蔬食派，令人躍躍欲試的新食物正不斷被開發，重點是它們不只美味又能愛護地球。這是對抗氣候變遷重要的一環。

我們生活中大部分的能源，至今持續仰賴燃燒化石燃料。但有種新能源正在改變世界，那就是「綠色能源」，它的能量來自於太陽、風力、潮汐與波浪。這些替代性的選項都屬於可再生能源──它們取之不盡用之不竭，卻不會汙染地球。

現今

我們每天仰賴能源旅行、製造產品、打開燈光或使用冷暖氣。然而，我們可以把建築物蓋得更加明亮、通風和保暖，降低對電器和能源的需求。從對環境友善的住家到騎腳踏車，還有使用替代性燃料，我們有很多方法可以運用乾淨、綠色的能源去對抗氣候變遷。

世界各地的科學家，已經證明是人類造成氣候變遷。

科學家們忙著蒐集資料、推廣氣候知識、放眼未來，以及提出「如何停止破壞地球」的建言。

在瑞典，有一位名叫葛莉塔的女孩，她在年僅十五歲時，就站出來為氣候變遷的問題勇敢發聲，獲得全世界的關注。

數以萬計的兒童也在為氣候變遷所帶來的危險發出質疑和抗議的聲音，這些年輕人的行動正在告訴大人：「我們也很關心地球！」

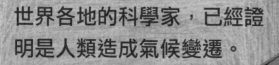

西元2019年至今

孩子們與科學家都在呼籲大家選擇綠色能源、支持永續牧業、減少消費與浪費，以實際行動去愛護大自然。只有這樣，我們才能終止人類帶給地球的威脅。

人類已經找到方法可以化解氣候危機。從錯誤中，我們了解到善待大自然的重要性，不能再繼續破壞地球了，也懂得如何照顧土壤、樹木和海洋，以及如何保護人類、棲地與野生動物。

我們正在發明嶄新且理想的方式與地球和諧共存。從世界領導者到平民百姓，都必須開始在日常生活中竭盡所能來保護珍貴的地球。

從今天到未來

我們可以多種樹、少吃肉、少消費、節約能源、減少廢棄物，並與親友分享氣候知識。氣候變遷故事的下一章節，將由你來完成！

名詞解釋（依首字筆畫排序）

二氧化碳（Carbon dioxide） 一種會被地球植物吸收轉化為養分的溫室氣體，在燃燒化石燃料時會被釋放回空氣中。

大氣層（Atmosphere） 環繞地球或外太空其他行星的多種氣體。

小行星（Asteroid） 在軌道上圍繞太陽運行的岩石或金屬塊。

化石燃料（Fossil fuels） 由動植物化石形成的天然燃料，如煤炭、石油和天然氣。

永續（Sustainable） 保持或延長自然資源的生產與使用，且使用過程不會傷害大自然，並讓資源有時間回復。

甲烷（Methane） 一種溫室氣體。近代地球大氣層中大部分的甲烷都來自人類活動。

再生能源（Renewable energy） 來自大自然中的太陽、風和水等可替代能源。

氣候危機（Climate emergency） 正在威脅地球上大多數生命生存的全球氣候變遷問題。

氣候變遷（Climate change） 近代人們燃燒石油、煤炭和天然氣等行為造成的全球天氣改變。

氧氣（Oxygen） 植物產生的一種無色無臭的氣體。大多數的生物都需要呼吸氧氣才能存活。

浮游生物（Plankton） 生活在淡水或鹹水中的微型動植物。

彗星（Comet） 太空中由冰塊、岩石與塵埃構成的球體。

溫室效應（Greenhouse effect） 二氧化碳與甲烷等氣體將熱困在大氣層，造成的地球暖化。

溫室氣體（Greenhouse gas） 大氣層中將太陽的熱困在地球上，造成地球暖化的任何一種氣體。

滅絕（Extinction） 某種生物全數死亡或永遠消失。

演化（Evolution） 生物經過長久時間而產生變化，甚至形成新的物種。

從今天到未來

西元2019年至今

遷徙（Migration）　人類或動物群體離開原來的居住地，移往他處，尋求更適合的生活條件。

藍綠菌（Blue-green algae）　以利用陽光與二氧化碳自行合成所需養分的微小生命體。

審訂者的話　　　　　　　　　　　　文／孫烜駿（臺灣大學氣候永續學程助理教授）

　　什麼是氣候變遷？氣候變遷如何影響人類與地球？氣候變遷下我們又能如何化解氣候危機呢？這些問題，你的孩子是否曾把你問倒，或者，你心中也對氣候變遷充滿疑惑呢？

　　2015年聯合國針對重大國際議題宣布了「2030永續發展目標」（Sustainable Development Goals, SDGs），提出17項全球發展目標，並各自設立重要的指標、邁向永續。其中，氣候變遷是全人類都正在面臨的危機，SDGs目標13也明確指出必須即刻針對氣候變遷議題採取緊急措施。我們或許常聽到要為下一代做出行動來減緩氣候變遷，然而，三十年過去了，全球二氧化碳濃度持續升高，氣候變遷影響加劇，下一代的未來已經不再是一個說詞，而是一個進行式。

　　氣候變遷不是單一事件，而是牽涉環境變化、人類活動、經濟發展與貧富差距等多面向的議題，導致極端天氣事件不斷、海平面上升，許多人與動植物被迫遷離家園。本書正是孩子關注氣候危機的橋梁，帶領孩子認識人類文明的進步破壞了自然的平衡，世界人口的擴張伴隨森林消失、環境汙染與溫室氣體排放，導致全球氣候變遷，並跨領域結合了地質、大氣、生物、社會等學科，引導孩子以不同的角度切入，讓孩子理解氣候變遷不只是書本裡讀到的知識，而是與我們的生活息息相關——氣候變遷正在改變孩子們的未來人生。

　　更重要的是，本書傳達一個重要的觀念，有越來越多人開始正視氣候變遷，年輕的世代也勇敢站出來發聲。同時，人類正努力找尋不同的解決辦法，用對環境友善的方式與地球和平共存，臺灣也加入世界各國的行列，積極發展綠色能源，像是太陽能與風力發電等；而我們可以從日常生活做起，包含減少過度消費、少吃肉類或選擇植物肉、多搭乘大眾交通工具等。

　　氣候變遷是全世界的問題，減緩氣候變遷的衝擊是有可能的，但這需要每個人的努力，並傳達給下一代，教導孩子如何善待我們的地球。

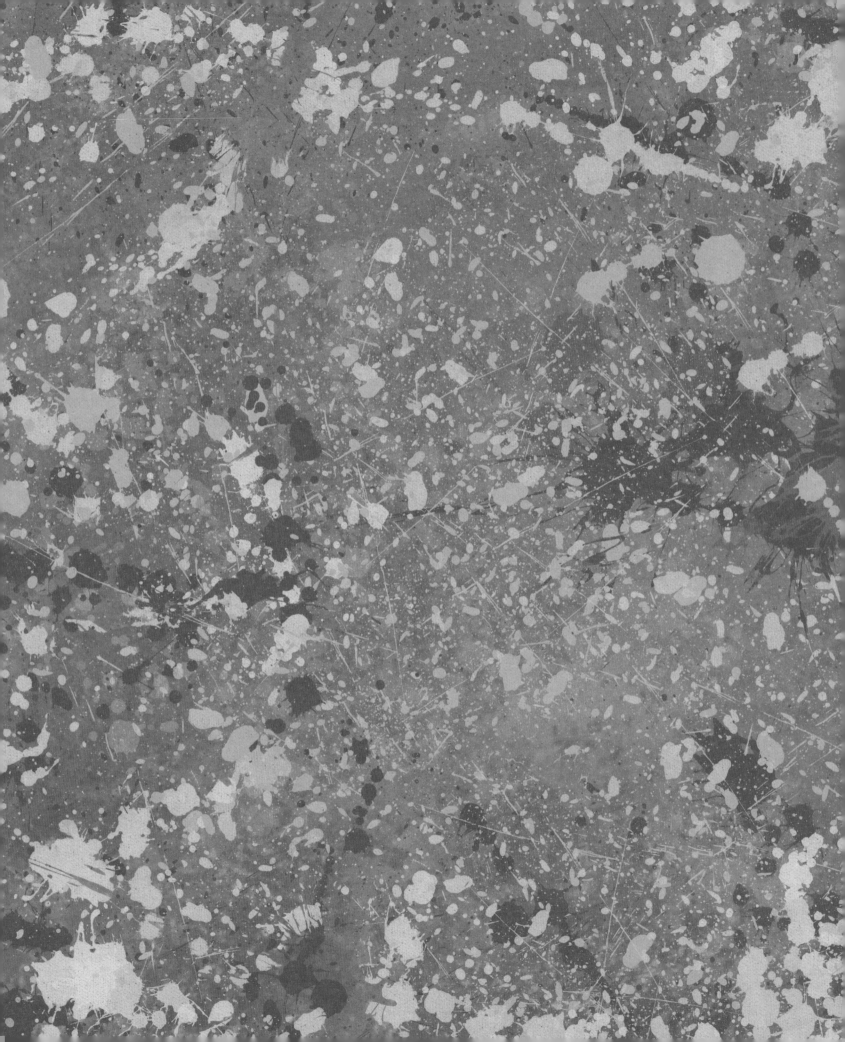